洛克数学启蒙 ❸

MathStart
洛克数学启蒙 ③

给我分一半

[美]斯图尔特·J.墨菲 文 [美]G.布赖恩·卡拉斯 图 易若是 译

认识对半平分

海峡出版发行集团 福建少年儿童出版社
THE STRAITS PUBLISHING & DISTRIBUTING GROUP FUJIAN CHILDREN'S PUBLISHING HOUSE

献给兰迪和克里斯汀，他们每次都会说"给我分一半"，这就是他们的分享方式。

——斯图尔特·J.墨菲

献给伊丽莎白和安德鲁。

——G.布赖恩·卡拉斯

GIVE ME HALF!

Text Copyright © 1996 by Stuart J. Murphy

Illustration Copyright © 1996 by G. Brian Karas

Published by arrangement with HarperCollins Children's Books, a division of HarperCollins Publishers through Bardon-Chinese Media Agency

Simplified Chinese translation copyright © 2023 by Look Book (Beijing) Cultural Development Co., Ltd.

ALL RIGHTS RESERVED

著作权合同登记号：图字 13-2023-038号

图书在版编目（CIP）数据

洛克数学启蒙.3.给我分一半 / (美) 斯图尔特·
J.墨菲文；(美) G.布赖恩·卡拉斯图；易若是译. --
福州：福建少年儿童出版社, 2023.9
  ISBN 978-7-5395-8236-8

  Ⅰ.①洛… Ⅱ.①斯… ②G… ③易… Ⅲ.①数学-
儿童读物 Ⅳ.①O1-49

  中国国家版本馆CIP数据核字(2023)第073875号

LUOKE SHUXUE QIMENG 3 · GEI WO FEN YIBAN

洛克数学启蒙3·给我分一半

著 者：[美]斯图尔特·J.墨菲 文 [美]G.布赖恩·卡拉斯 图 易若是 译
出 版 人：陈远 出版发行：福建少年儿童出版社 http://www.fjcp.com e-mail:fcph@fjcp.com 社址：福州市东水路 76 号 17 层（邮编：350001）
选题策划：洛克博克 责任编辑：曾亚真 助理编辑：赵芷晴 特约编辑：刘丹亭 美术设计：翠翠 电话：010-53606116（发行部） 印刷：北京利丰雅高长城印刷有限公司
开 本：889 毫米 ×1092 毫米 1/16 印张：2.5 版次：2023 年 9 月第 1 版 印次：2023 年 9 月第 1 次印刷 ISBN 978-7-5395-8236-8 定价：24.80 元

我有一个完整的比萨,
我要一个人吃完!

给我来点比萨，
否则有你好看！

我知道你想吃比萨，老姐！
那就分你一小块吧，不用客气！

你最好多给一些，老弟！
男子汉不要那么小气！

你俩一起分享比萨，快快把它切成两半。
谁也不多谁也不少，一人一半正正好！

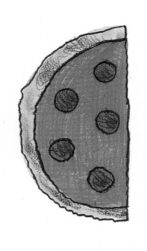 和 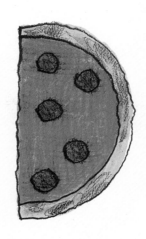 组成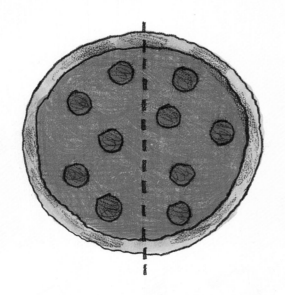

半个比萨加半个比萨组成一个完整的比萨。

$\frac{1}{2}$ 加 $\frac{1}{2}$ 就是 **1**

$$\frac{1}{2} + \frac{1}{2} = 1$$

她在背后藏了什么东西？
我知道了，最后一罐果汁就在那里。

如果他将果汁分走，
剩下那些可不够我喝。

比萨我已经分你一半，果汁也应该给我半罐。

等我喝痛快以后，可以给你舔上几口。

果汁也该一起分享，快快把它倒成两杯。
倒的时候小心掂量，两杯果汁最好一样。

半罐果汁加半罐果汁组成一罐完整的果汁。

$$\frac{1}{2} \text{ 加 } \frac{1}{2} \text{ 就是 } 1$$

$$\frac{1}{2} + \frac{1}{2} = 1$$

巴迪

我知道她还有纸杯蛋糕，
在她身后就藏着一包。

我要将纸杯蛋糕收起，
留着做我的餐后点心。

嘿！
你的椅子上放着什么？
你最好主动分我一些！

我要把它们一口吃光，
给你留一些蛋糕碎渣。

纸杯蛋糕必须分成两份，
这样的话要我重复几遍？
一包里面正好两个蛋糕，
你俩一人一个别再争吵。

 和  组成

1 个纸杯蛋糕加 1 个纸杯蛋糕组成 2 个一包的纸杯蛋糕。

1 加 1 就是 2

1 + 1 = 2

1 是 2 的 $\frac{1}{2}$

巴迪

我有一堆饼干在手，
你只能吃上一口。

你最好现在分我半堆，
否则我保证你会后悔！

23

喂，
有话好好说！

24

不跟你啰唆！

饼干屑撒了一地，
比萨片到处都是。

果汁溅满桌子，
椅子上一片狼藉。

我们闯的祸真不小，
把家里弄得一团糟。
不过我搞的破坏不比你多，
你干的坏事也不比我少。

现在是时候收拾残局。
我们各负责一半任务，
就可以少花一半功夫……

太好了，巴迪也来相助！

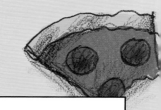

写给家长和孩子

对于《给我分一半》中所呈现的数学概念，如果你们想从中获得更多乐趣，有以下几条建议：

1. 跟孩子一起阅读故事，描述每幅画面中发生的事情。

2. 在阅读过程中提问，例如："当你需要和另一个人分享一个完整的比萨时，会出现什么情况？""你能分到多少比萨？""怎么切才能保证每个人分到的比萨一样多？"

3. 鼓励孩子使用"一半""整个""一份"等数学词汇来复述故事。向孩子介绍"除"的概念，"除以2"就是"平均分成2份"。

4. 找来一些大小不同、形状各异的纸，跟孩子一起想办法把这些纸对折，对折方式可以不止一种。

5. 跟孩子一起画一些比萨、杯装果汁、小蛋糕和饼干，或者其他日常菜肴，也可以画一场想象中的野餐。然后用在图上画线或者剪开的方式，来表示跟另一个人分享时该怎么平分这些食物。

6. 让孩子观察生活中的事物，看看可以怎样对半平分，观察对象可以是比萨、桌子、房间等单个整体，也可以是牛奶、水等液体，还可以是葡萄、糖果等数量众多的物体。

如果你想将本书中的数学概念扩展到孩子的日常生活中，可以参考以下这些游戏活动：

1. 私房食谱：看看食谱中的材料可以如何对半平分，例如一杯或一块黄油如何分成两半，瓜果蔬菜如何对半平分。将各种形状的食物平分成两半与他人分享。

2. 探究自然：寻找一些形状各异的叶子，用马克笔在上面画线，把它们平均分成两半。

3. 室内游戏：在家里寻找能展现"一半"概念的物品，例如把两只小鞋子接在一起，就跟一只大鞋子差不多等长，或者是衬衫、裤子对折之后可以平分为两半。

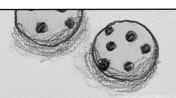

洛克数学启蒙

1

《虫虫大游行》	比较
《超人麦迪》	比较轻重
《一双袜子》	配对
《马戏团里的形状》	认识形状
《虫虫爱跳舞》	方位
《宇宙无敌舰长》	立体图形
《手套不见了》	奇数和偶数
《跳跃的蜥蜴》	按群计数
《车上的动物们》	加法
《怪兽音乐椅》	减法

2

《小小消防员》	分类
《1、2、3，茄子》	数字排序
《酷炫100天》	认识1~100
《嘀嘀，小汽车来了》	认识规律
《最棒的假期》	收集数据
《时间到了》	认识时间
《大了还是小了》	数字比较
《会数数的奥马利》	计数
《全部加一倍》	倍数
《狂欢购物节》	巧算加法

3

《人人都有蓝莓派》	加法进位
《鲨鱼游泳训练营》	两位数减法
《跳跳猴的游行》	按群计数
《袋鼠专属任务》	乘法算式
《给我分一半》	认识对半平分
《开心嘉年华》	除法
《地球日，万岁》	位值
《起床出发了》	认识时间线
《打喷嚏的马》	预测
《谁猜得对》	估算

4

《我的比较好》	面积
《小胡椒大事记》	认识日历
《柠檬汁特卖》	条形统计图
《圣代冰激凌》	排列组合
《波莉的笔友》	公制单位
《自行车环行赛》	周长
《也许是开心果》	概率
《比零还少》	负数
《灰熊日报》	百分比
《比赛时间到》	时间